自然灾害防护与自救

鞠萍◎主编

中国大百科全书出版社

图书在版编目（CIP）数据

自然灾害防护与自救 ／ 鞠萍编著．－－北京：中国大百科全书出版社，2017.5

（儿童安全大百科）

ISBN 978－7－5202－0043－1

Ⅰ．①自… Ⅱ．①鞠… Ⅲ．①自然灾害－自救互救－儿童读物 Ⅳ．①X43－49

中国版本图书馆CIP数据核字(2017)第073871号

责任编辑：刘金双　王　艳

责任印制：李宝丰

装帧设计：张紫微

中国大百科全书出版社出版发行

（北京阜成门北大街 17 号　电话：010－68363547　邮编：100037）

http://www.ecph.com.cn

保定市正大印刷有限公司印制

新华书店经销

开本：710 毫米 ×1000 毫米　1/16　印张：5.5

2017 年 5 月第 1 版　2019 年 1 月第 5 次印刷

ISBN 978－7－5202－0043－1

定价：24.00 元

知道危险的孩子最安全

　　孩子发生意外，很多时候是因为不知道危险。数据统计显示：每一起人身伤亡事故的背后，都有无数个危险的行为。用冰山来比喻：一起伤亡事故，就像冰山浮在海面上的部分，无数种危险的行为就像海面以下的部分。海面上的冰山能够引起人们的重视，海面以下的部分却不易被发觉。殊不知，那才是最可怕的安全隐患，就是它们酿成了一起又一起事故。所以，只有消除"水下"那些潜在的危险，才能保证真正的安全。

　　安全教育首先要做的是让孩子知道危险在哪里，让孩子避免危险。孩子对危险的认识度越高，就会越安全。《儿童安全大百科》这套书要告诉我们的正是这样一个道理。本套书循着孩子们的生活足迹——家庭、学校、公园（动物园）、商场、运动场、路上、车（船、飞机）上、野外、网络，聚焦了140多个安全主题，以防患于未然为前提，以防止意外事故发生为目标，不仅让孩子认识到身边存在着各种危险因素，还告诉孩子在危险来临时该如何保护自己。

　　安全包括人身安全和心理安全两个方面。很多安全读本都忽视了儿童心理安全方面的教育，本套书在这方面填补了空白，对儿童在生活和学习中遇到的各种困扰和烦恼，进行了专业的解答和心理疏导，对儿童安全进行了全方位的关照。

　　如果把各种可能对孩子造成伤害的东西或情形比喻成地雷，那么这套书最大限度地为孩子扫除了生活中的各种"地雷"——从家到学校，从室内到户外，从现实到网络，从天灾到人祸，从生理到心理，是一套分量十足的安全百科。

　　希望读了这套书的小朋友，能够远离危险，形成自觉的安全意识，从"要我安全"变为"我要安全"。

　　祝小朋友们每一天、每一刻、每一分、每一秒都安安全全！

自然灾害防护与自救　目录

野外险情

本书漫画人物简介

他们是谁？

朱小淘

故事里的小主人公，机智、聪明、淘气、自信满满而又常常制造点儿"小麻烦"。

王小闹

小淘的好朋友，憨厚、老实，时不时地冒点儿傻气。

夏 朵

小淘的好朋友，可爱、懂事、善良，是标准的"好孩子"。

打开这本"救命"书，嘿嘿，这么多故事啊，真好看！书中有三个不同性格的小朋友，就像生活中的"你""我""他"，每天做着傻事，也不断在学习新的知识。他们的爸爸、妈妈则是安全的守护天使，护佑着他们健康、快乐地成长。

现在，我们来认识一下故事里的主要人物吧！

闹闹妈妈

对闹闹要求很严格，其实很关心闹闹。

小淘妈妈

时刻关心小淘的生活，是位称职的好妈妈。

小淘爸爸

风趣幽默，深受小朋友们喜爱。

1. 郊游、野营活动时

　　学校要组织郊游了，你一定很高兴，爸爸、妈妈可是非常担心你的安全呢。为了让他们放心，出游前你还是做好充分的准备吧！

🚫 安全守则 ▶▶▶

★ 要由成年人组织、带领，要严格遵守活动纪律，服从指挥。

★ 集体活动时最好统一着装或者穿校服，这样目标明显，便于互相寻找，以防掉队。

★ 要准备充足的食品和饮用水，以及一些常用的治疗感冒、外伤、中暑的药品。

★ 要准备好手电筒和足够的电池，以便夜间照明使用。

★ 要穿运动鞋或旅游鞋，不要穿皮鞋。穿皮鞋长途行走，脚容易起泡。

★ 不要采摘、食用野生蘑菇和野果等，以免发生食物中毒。

●
自
然
灾
害
防
护
与
自
救

∕ 野外险情 ∕

▶
9

2. 登山时

　　登山是健身运动，但也是一项很危险的运动。同学们在登山的时候，一定要提高警惕。

安全守则

★ 登山时要由老师或家长带领，集体行动。

★ 要选择安全的登山路线。

★ 登山前要了解天气情况，雨天路滑，不宜登山。

★ 登山除了携带食物和水外，最好随身携带一些急救药品和用具，如云南白药、创可贴、纱布、绷带等，以便及时处理意外损伤。

★ 登山要穿比较宽松的服装和运动鞋，以便活动，同时要少带行李，轻装前进，以免过多消耗体力。

★ 登山时千万不要东张西望，更不要追逐打闹，一定要看准、走稳；背包不要手提，要背在双肩，以便解放出双手进行抓攀。

★ 登山运动会消耗大量的热量和水分，要根据自身体能适当补充食物和水分。

★ 不要边走路边拍照，以免踏空；也不要在危险的悬崖边照相，以免发生意外。

★ 行进中遇到雷雨时，不要到河边或沟底避雨，因为那里可能会有山洪发生，同时不要到山顶的树下避雨，应就近找个山洞暂时躲避。

★ 登山队伍不可拉太长，应经常保持可前后呼应的状态。

★ 迷路时应折回原路，或寻找避难处静待救援，以减少体力的消耗；在山地行进，为避免迷失方向、节省体力、提高行进速度，应力求有道路就不穿林翻山，有大路就不走小路。

★ 切勿让身上的衣物受潮，以免体温散失。

　　登山过程中身体可能会发生一些损伤，比较常见的有皮肤擦伤、关节扭伤等。

● 当皮肤被擦伤时，可使用清水冲洗伤口，然后涂擦碘伏或紫药水，再使用创可贴等保护创面；当伤口较深并伴有出血时，要用清水冲洗伤口，然后使用云南白药进行止血，再用纱布、绷带等包扎伤口；如果出血较快，则要加压包扎伤口，然后及时下山就医。

● 关节损伤中以踝关节扭伤最为常见。踝关节扭伤后要及时制动，使用护踝、弹力绷带固定踝关节，防止损伤加重；如果条件允许，可以使用冰块冷敷，以减少毛细血管出血，防止关节肿胀加剧；下山后再到医院进行深入检查。

儿童安全大百科

12

3. 在海滩上玩耍时

　　如果夏季你去海边玩耍，一定要注意防晒。夏天的日照比较强烈，轻则会使皮肤中的水分流失，导致皮肤干燥；重则会引起皮肤发炎，可千万不能小看。

🚫 安全守则 »»»

★ 去海滩前要把防晒霜涂抹在暴露的皮肤上，为防止汗水把防晒霜冲掉，应该每隔几个小时就涂一次。

★ 要避免在上午11时到下午3时在阳光下暴晒，因为这段时间的紫外线最强，杀伤力也最大。

★ 日晒使人体内的水分大量蒸发，身体容易脱水，所以应该喝大量的水来补充身体失去的水分。

✚ 紧 急 自 救 ＞＞＞

● 当皮肤被晒伤后，可以涂抹一些芦荟胶，防止脱皮，修复晒伤的皮肤。

● 如果日晒后出现皮肤疼痛、肿胀、起水泡等症状，甚至在12小时内出现发烧、发冷、头昏眼花、反胃等症状，就要尽快去医院治疗。

4. 野餐时

在大自然的怀抱中野餐，本来是一件很快乐的事情，但如果不注意安全和卫生，发生了意外，那你可就快乐不起来了。

野外险情

15

安全守则 ▶▶▶

★ 野餐地点应选择在平坦、干净、背风、向阳的场地，避开尘土和马路。

★ 地上要铺上干净的塑料布，四周用石块压紧，以防被风掀起或使蚂蚁等小动物爬到上面；最好自备一些洗净的、卫生且不易变质的食物，同时注意餐具卫生。

★ 不要采摘野菜、野果等食用，以防食物中毒。

★ 不要吃未熟的食品，也不要吃生冷的食物。

★ 尽量不要喝生水，野外的水流即使看起来非常清澈，也很容易被病菌感染，喝了容易染上病毒性肝炎、肠炎等疾病。

★ 卤菜类食品最好当天购买，如前一天购买要放在冰箱内，出门前应加热。购买食品时应注意其生产日期和保质期，以免误食过期变质食物。

★ 注意个人卫生和环境卫生，餐前要洗手或用消毒纸巾将手擦拭干净，最好随身携带消毒纸巾供擦手和消毒餐具用。

★ 罐头、盒饭、饮料等不要一下子全倒出、摊在外面，应吃一点儿取一点儿，将剩下的盖好，以防苍蝇、虫子爬行叮咬。

★ 不要在禁止烟火的地方起炉灶，使用完点燃的炉灶要立即将余烬用水浇或土压，彻底熄灭。

★ 尽量不要吃烟熏火烤的食品。因为在篝火上烧烤各种肉类，会生成大量的多环芳烃。这种物

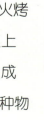

质一部分来自熏烤时的烟气，但主要是来自焦化的油脂。同时熏烤的食物中还有一些亚硝胺化合物，而这种物质容易致癌。

自
然
灾
害
防
护
与
自
救

野
外
险
情

> ⚠️ **特 别 提 示**
>
> ### 野生蘑菇不要吃
>
> 我们平时在市场上买来的蘑菇大都是人工养殖的，经过了食品安全检验，可以放心食用。但很多野生蘑菇含有毒素，一旦误食就会致命。毒蘑菇很难分辨，因此最好的预防办法就是不吃野外采摘的蘑菇。

 # 5. 食物中毒时

食物不都是美味的。吃了腐败变质或者不干净的食物，或者在野外贪吃某些"野味"，都有可能引发食物中毒。食物中毒后，轻则引起腹痛、腹泻及呕吐，重则会发生休克。所以一定要严把食品质量关，以防病从口入。

儿童安全大百科

✚ 紧急自救 »»»

　　发现自己或别人食物中毒时，不要惊慌，可针对导致中毒的食物和食用时间长短来采取下列应急措施：

● 如有毒食物吃下去的时间在两小时以内，可采取催吐的方法，用筷子、汤匙柄或手指等刺激咽喉，引发呕吐。

● 如有毒食物吃下去的时间超过两个小时，且精神尚好，则可服用泻药，使有毒食物排出体外。

● 催吐后，对于胃内食物较少的中毒者，可取食盐20克，加开水200毫升，冷却后喝下，一次或数次将毒素排出。

● 如果是吃了变质的鱼、虾、蟹等引起食物中毒，可用鲜生姜捣碎取汁，用温水冲服或者服用绿豆汤进行解毒。

● 如果误食了变质的饮料或防腐剂，可服用鲜牛奶或其他含蛋白质的饮料解毒。

● 经以上急救，病情未见缓解或者中毒非常严重的，则须马上就医。

知道多一点

常见垃圾食品及其危害

● 油炸类食品，如油条、炸薯条，其加工过程会破坏食物中的维生素，淀粉类油炸食品大多含有致癌物质丙烯酰胺。

● 腌制类食品，如泡菜、酸菜，会刺激肠胃，损害消化系统。因含盐分过高，多吃可能导致高血压。

● 加工类肉食品，如肉干、肉松、香肠，因含有致癌物质亚硝酸盐和大量防腐剂，容易加重肝脏负担。

● 饼干类食品，热量过多，营养成分低。有些品种的饼干中食用香精和色素的含量过多，会对肝脏造成负担。

● 碳酸饮料，会使人体内大量的钙流失，含糖量过高，影响正常饮食。

● 方便面和膨化食品，盐分过高，含防腐剂、香精，容易损伤肝脏。

● 罐头类食品，其加工过程会破坏维生素。

● 蜜饯类食品，如果脯，含致癌物质，盐分或糖分过高，含防腐剂、香精，容易损伤肝脏。

● 冷冻甜品，如冰激凌，含奶油过多，易引发肥胖。有些品种还可能含有大量反式脂肪酸。

● 烧烤类食品，如各种烤串，含致癌物质，比香烟毒性更大，导致蛋白质炭化，加重肾脏、肝脏的负担。

☀ 6. 中暑时

　　炎炎夏日，人如果长时间停留在高温、高湿、强热辐射的环境中而没有采取防热、防晒的措施，很容易出现头痛、头晕、口渴、多汗、四肢无力、动作不协调等中暑症状。如何避免中暑呢？

野外险情

安全守则

★ 夏季要尽量减少在烈日下暴晒的时间，外出时最好穿浅色衣服，准备好遮阳帽、遮阳伞、太阳镜等，涂上防晒霜，以减少紫外线照射。

★ 外出时可随身携带淡盐水或绿豆汤，以作解暑之用，还可备一些藿香正气软胶囊之类的药品，以缓解轻度中暑引起的症状。

★ 夏季不宜剧烈运动，以防流汗过多导致中暑。

★ 室内长时间高温且不通风也会引起中暑，要避免处于这样的环境之中。

★ 及时补充蛋白质。可选择新鲜的鱼、虾、鸡肉、鸭肉等脂肪含量少的优质蛋白质食品，还可以吃些豆腐、土豆等富含植物蛋白的食物。

★ 出汗过多时，应适当补充一些钠和钾。钠可以通过食盐、酱油等补充，含钾高的食物有香蕉、豆制品、海带等。

★ 随时喝水，不要等口渴了再喝，但是不要过多地吃冷饮。

★ 多吃苦味菜，如苦瓜，有利于泄暑热和祛暑湿。

★ 多洗澡或用湿毛巾擦拭皮肤。

紧急自救

● 一旦中暑，要迅速离开引起中暑的高温环境，选择阴凉通风的地方，把头和肩部抬高，解开衣服平卧休息；同时要及时补水，这不仅可以降温，还可以防止身体脱水；但不能大量饮用清水，因为这会进一步降低体内电解质的有效浓度，从而加重病情；饮水以淡盐水为最佳，或者选择茶水和绿豆汤。

● 中暑者如果发生休克，要尽量少予以搬动，应将其头部放低，脚稍微抬高。

● 重度中暑者要立即送医院治疗。

人为什么会中暑

正常人体在下丘脑体温调节中枢的控制下，产热和散热处于动态平衡，体温维持在 37℃ 左右。

当人在运动时，机体代谢加速，产热增加，人体借助于皮肤血管扩张、血流加速、汗腺分泌增加以及呼吸加快等，将体内产生的热量送达体表，通过辐射、传导、对流及蒸发等方式散热，将体温保持在正常范围内。

当气温超过皮肤温度（一般为 32℃ ~ 35℃），或环境中有热辐射源（如电炉、明火），或空气中湿度过高通风又不良时，机体内的热量难以通过辐射、传导、蒸发，对流等方式散发，甚至还会从外界环境中吸收热量，造成体内热量贮积，从而引起中暑。

7. 迷路时

如果你和爸爸、妈妈到野外游玩迷失了方向，不要惊慌，因为大自然中有很多指南针，会帮助你辨别方向。

★ 问路：迷路之后首先要往有人的地方走，可以打听路。

★ 辨别方向：如果见不到人，可先辨别大致方向，往正确的方向前进。

★ 寻找原路：仔细回忆刚才走过的路是否有一些明显的建筑标志，然后凭着记忆找寻原路。

★ 呼救：也可打电话或者呼叫求救，但次数不要太频繁，呼叫时要拉长声音。

★ 发求救信号：如果有人来找你，要向他传递信号，白天可以点燃树叶或植物生烟，夜晚可以用手电筒向天空反复照射，或者点燃明火，告诉对方你的方位，以便对方尽快找到你；但要注意不要引发火灾。

★ 找安全处露宿：如果天色很晚，又没有人来救你，要赶紧找个安全的地方露宿。要找那些蚊虫少、不易被野外动物袭击的地方。

自然灾害防护与自救

野外险情

❯ 25

知道多一点

巧识方向

● 看树叶：

　　白昼看树叶。阳光充足的一面枝叶茂盛，少见阳光的一面树叶稀少，所以树叶稠密的一面是南，稀疏的一面是北。

● 看积雪：

　　冬天看积雪。南方太阳光强，积雪融化快；北方太阳光弱，积雪融化慢。

● 找北极星：

　　夜晚看北极星。北极星位于正北天空，晴天的夜晚，只要找到北极星，就知道北方在哪儿了。

● 使用指南针：

　　把指南针水平放置，待磁针静止后，其标有"N"的一端所指为北方，标有"S"的一端所指为南方。

8. 被蚊虫叮咬时

夏季外出旅游，尤其是在水边或野外旅游，很容易被蚊虫叮咬。多数情况下，被蚊虫叮咬后不会有严重的后果，但如果你对某种昆虫的毒素过敏或遭到大批蚊虫叮咬，那就有可能危及身体健康了。

安全守则

★ 在野外时，应尽量穿长袖上衣和长裤，并扎紧袖口，对于皮肤暴露部位要涂抹防蚊虫药（如风油精）。

★ 旅游时，尽量不要在潮湿的树荫下、草地上以及水边坐卧，也不要在河边、湖边、溪边等靠近水源的地方扎营，这些地方蚊子会更多。

★ 行走的时候尽量不要在草丛当中穿行，因为草丛是蚊虫的"家"；如果一定要穿行草丛，最好先把裤管扎好，以防蚊虫乘虚而入。

紧急自救

● 如果被蚊虫叮咬了，可用西瓜皮反复涂抹被叮咬部位，再用清水洗净，几分钟就能止痒，并很快消肿。

● 可将1至2片阿司匹林捣碎，用少许凉开水溶化，涂在被蚊虫叮咬的地方，马上就可止痒。

● 可以用清水冲洗患处，然后抹上一点儿洗衣粉，可立即止痒消肿；用肥皂水或用香皂蘸水涂抹红肿处，也可以迅速止痒。

● 可将维生素B_2片碾成面儿，用医用酒精调和，涂在皮肤暴露部位或红肿处，这种方法既能预防，又能治疗。

● 可先用手指弹一弹被叮咬处，再涂上花露水、风油精等。

● 用盐水涂抹或冲泡痒处，这样能使肿块软化，还可以有效止痒。

● 可切一小片芦荟叶，洗干净后掰开，在红肿处涂搽几下，就能消肿止痒。

● 采取上述应急措施没有效果或被叮咬严重时，要立即就医。

拍死正吸血的蚊子很危险

《新英格兰医学杂志》曾报道，美国宾夕法尼亚州一名57岁的妇女因为打死了一只蚊子，造成肌肉受到小孢子虫属真菌感染而死亡。

拍死一只正在吸血的蚊子会导致死亡，这简直骇人听闻。有专家分析，蚊子吸血时会在皮肤表面留下一个伤口。当蚊子正在吸血时，如果突然被人拍死，它的口器来不及拔出，那么人皮肤上的伤口就不会愈合。而蚊子身上所携带的致命真菌，可能就会通过还没来得及愈合的伤口，侵入人体内引起细菌感染。当然，如果人身上本来就有伤口，感染了被拍死的蚊子携带的真菌后，也会很危险。

 9. 遭遇毒蛇时

很多人都谈"蛇"色变，因为毒蛇对人的伤害很大。其实蛇也怕人，只要我们提高警惕，并做适当的防护，许多蛇伤是可以避免的。

儿
童
安
全
大
百
科

🚫 **安全守则** ▷▷▷

★ 多数蛇生活在阴凉、潮湿的地方，通常在下雨前后、洪水过后出洞活动，这些时候要特别留意。

★ 当碰到蛇时，不要惊慌。应该轻轻移动，迅速离开，因为毒蛇怕人，受惊后会迅速逃跑，一般不主动向人发动攻击，被人误踩或碰撞时才会咬人。另外，蛇的视力非常差，在1米以外的静态事物，它很难看见。

★ 被蛇追赶时，一定不要沿直线方向逃跑，应跑"S"形路线躲避，因为蛇变向的速度没有人快。同时蛇的肺活量特别小，爬行一小段路后，就会体力不支。

真实案例

不死的蛇头

国外有个男子在丛林中遭遇了一条毒蛇，一番较量后男子砍下了蛇头。原以为没什么事儿了，不料被砍掉头的蛇身还在不停地蠕动，尾巴还在左右摆动。突然，当尾巴摆动到被砍下的蛇头边上时，明明已经没有动静的蛇头猛地一口咬住了自己的身体。蛇头和蛇身此时像是两个完全不相关的东西，蛇头狠狠地咬而蛇身则开始拼命甩动，想甩脱蛇头。尽管蛇身拼命甩动，但蛇头还是没有松口。男子用棍子捅了捅，发现蛇身被咬得很紧。蛇头就像是为自己报仇却选错了对象一样。过了好久，蛇头才彻底失去力气而松了口。

大家一定要记住：蛇就算被斩掉了头部，仍然具有一定的攻击能力。

✛ 紧急自救 〉〉〉

● 被蛇咬伤后不要慌张，应马上检查伤口。无毒蛇咬伤不用特殊处理，往伤处涂点红药水或碘酒就可以了。

● 如果肯定是毒蛇咬伤或当时不能判断咬人的蛇有没有毒，就应按毒蛇咬伤处理：将被咬部位靠近心脏的一端用绳子扎紧，用刀切开伤口，用手指挤压，排出毒素；或者用嘴吮吸毒液（注意嘴里不能有破损），然后吐掉并且漱口，再用大量的清水冲洗伤口，最后将伤口包扎好；急救处理后尽快到医院治疗。

知道多一点

毒蛇和无毒蛇

　　蛇可分为毒蛇和无毒蛇两大类。毒蛇口内有长长的毒牙，脖子比较细，长着三角形的头，尾巴较短；无毒蛇的头比较圆，和脖子基本一样粗，尾巴细长。无毒蛇咬人留下的牙印细小，排成八字形的两排；而被毒蛇咬伤后皮肤上常见两个又大又深的牙印。

10. 遭遇毒蜂时

在野外游玩时，你遇到过蜂群吗？如果遇到一群毒蜂，被它们蜇伤可不是一件小事，因为很多毒蜂毒性都很大，要及时采取急救措施才行。

🚫 安全守则 ＞＞＞

★ 在野外遇到蜂群，不要故意招惹，要注意"避蜂"，不打蜂，不追蜂。

★ 遇到蜂群一定不能跑，跑得越快，蜂群追赶就越凶，还会引来更多的蜂；另外，人跑的速度也不及蜂飞的速度。

★ 遇到蜂群，正确的处理办法是，立即趴下或抱头蹲下，用书包、衣物或者手臂遮挡身体裸露部位，特别要护住头颈和面部，因为蜂喜欢攻击人的头部。

➕ 紧急自救 ＞＞＞

● 如果螯刺和毒囊仍遗留在皮肤里，可用针挑拨拔除或用胶布粘贴拔除，不能挤压。

● 明确是被马蜂（黄蜂）、虎头蜂、竹蜂等蜇伤，伤处应用弱酸性溶液，如食醋或浓度为0.1%的稀盐酸等洗涤、外敷，以中和碱性毒素。

● 明确是被蜜蜂、泥蜂、土蜂等蜇伤，伤处可用弱碱性溶液，如肥皂水或浓度为2%～3%的碳酸氢钠水、淡石灰水等洗涤、外敷，以中和酸性毒素。

● 如果中毒严重，应立即就医。

遭遇毒蜂

2013 年 9 月 24 日下午，家住宜宾珙县上罗镇二龙村的 7 岁女孩周某与被别人领养的亲姐姐孙某在放学回家途中坐在一块石头上休息。

周某突然发现自己的眼皮和手上被毒蜂蜇了一下，叫了一声"好痛"，然后伸手去拍打；孙某也发现有毒蜂飞到自己的身上。

接着，成群的毒蜂往她们身上袭来，两个小女孩吓得哇哇大哭。一位路人叫姐妹俩快趴到地上，不要动。但由于大量的毒蜂在周某身上蜇，周某不断地扭动哭闹。

听了路人的劝告，孙某趴在地上忍痛没有动。而周某在地上不停地翻滚，加速了毒蜂的袭击。

直到最后，孙某的养父赶来徒手拨开毒蜂，将两个女孩送往医院。结果周某伤重死亡，孙某因多脏器功能损害被下了病危通知书。

这个案例警示我们：被毒蜂蜇中，应以静制动，一般耐心静候 10 ～ 20 分钟，待毒蜂恢复平静之后，再慢慢退出这"是非之地"，才可减少伤害，否则后果不堪设想。

野外险情

35

11. 被小草划伤时

小草看起来柔弱，没有攻击力，其实暗藏杀机。草上往往带有很多细菌和农药残留物，被草划伤也会中毒或过敏，千万不可小觑。

● 一旦被草划伤，要尽快对患处进行消毒，可以用肥皂水清洗伤口，也可以用消毒水对其进行消毒。

● 如果伤势不是很严重，可以自己涂抹一些药酒，消炎止痛。

● 如果伤势严重，则要去医院进行治疗。

12. 被水草缠身时

一般在江、河、湖泊较浅或靠近岸边的地方，常有淤泥或杂草。水草不仅韧性大，而且分布凌乱，它会缠住人的手脚，对人造成伤害。应尽量避免到这些地方野浴，以免救护不及溺水身亡。

✚ 紧 急 自 救 ›››

● 如果不幸被水草缠住或陷入淤泥，首先要保持冷静。千万不要踩水或乱动手脚，否则肢体可能会被越缠越紧，或者在淤泥中越陷越深。

● 可以将身体平卧在水面上，并将两腿分开，慢慢地用手将水草从腿上往下捋，就像脱袜子一样。

● 摆脱水草后，要尽快离开水草丛生的地方。

● 自己无法摆脱时，应及时呼救。

13. 溺水时

在我们的日常生活中，溺水事故时有发生。不会游泳的人要当心，会游泳的人也不要存在侥幸心理，因为溺水的往往是会游泳的人。一旦发生溺水事故，该如何自救呢？

🚫 安全守则 》》》

★ 不要私自在海、河、湖、水库、水沟、池塘等水体边玩耍或与小伙伴相互嬉戏追赶，以防滑入水中。

★ 不要私自外出钓鱼，因为钓鱼要蹲在水边，而水边的泥土、沙石长期被水浸泡而变得很松散，有些还长有很多苔藓，踩上去可能会滑入水中。

★ 过饥、过饱时，不应下水游泳；感冒发烧、身心疲惫时也不要去游泳，否则容易加重病情，发生抽筋、昏迷等意外情况。

★ 下水前要观察周围的环境，若有危险警告，千万不能冒险下水。

★ 自己特别心爱的东西掉入水中时不要急着去捞，而应找大人帮忙。

➕ 紧急自救 》》》

● 落水后一定不要慌张，切勿乱动手脚、拼命挣扎，这样既浪费体力，也更容易下沉。

● 落水后如果发现周围有人，要调整呼吸，大声呼救。

● 如果周围没有人，则要实施自救：憋住气，用手捏着鼻子，避免呛水；及时甩掉鞋子，扔掉口袋里的重物；身体尽量保持直立状态，头颈露出水面，并且双手还要作摇橹划水状，双腿要在水中分别蹬踏划圈儿，以此增加浮力；如果发现有比较坚固的物体，则要用力抓住它，以防身体被流水冲走。

● 自然灾害防护与自救

野外险情

》
41

真实案例

救人别逞强

　　某年春节，在南方的一个水塘里，发生了一大惨剧：5个孩子同时被淹死了！

　　起初，谁也不知道这是怎么回事。后来，警察进行了勘察，发现事故是这样发生的：先是有一个孩子掉进水塘里了，但他不会游泳；另一个孩子情急之下跳下水塘，想去救他，而这第二个孩子力不能支，在水里扑腾，眼看也自身难保了；随后，另外三个孩子也相继跳到水中……就这样，5个孩子都掉进水塘里淹死了。多悲惨啊！

　　在众多的儿童溺水事件中，常常是一个孩子遇险，其他孩子施救，救不了别人反而搭上了自己的性命，结果造成更多伤亡。所以同伴溺水，不要贸然下河施救，而要在岸上呼救、报警，抛木板、竹竿或救生圈等相救，一定要请大人帮忙。

42

14. 身陷沼泽时

　　如果你身处湖边、江畔、草地、泥潭等地方，千万要当心沼泽，一旦不小心掉进去，就会有生命之忧。所以有必要学会应对沼泽。

✚ 紧急自救 ➤➤➤

● 一旦陷入沼泽，如果附近有人，要及时呼叫求助；千万不要胡乱挣扎，脚不要使劲儿往外拔；应将身体向后仰，轻轻跌下，并张开双臂，尽量将身体与泥潭的接触面积扩大，使身体浮于沼泽表面，随后小心移动到安全地带，每动一下都要让泥浆充分流到四肢底下，以免泥浆之间产生空隙，身体被吸进深处。

● 疲倦时，可以保持仰泳姿势休息片刻，再坚持慢速平稳移动，直至脱离危险。

● 一定不要单脚站立，这样非常容易加快下陷的速度；如果脚已经开始往下陷，则要慢慢躺下，并且将脚轻轻拔起。

危险陷阱

这是新华网 2017 年 3 月 19 日刊登的一则新闻。

2017 年 3 月 17 日晚 6 时许，辽宁省朝阳市某消防队接到群众报警，有个男孩被困在了水上公园沼泽湿地中央。消防官兵赶到现场时，发现男孩上身赤裸站在沼泽湿地中间，将自己的外套放在脚下减缓下沉。

男孩距离岸边大约 80 米。消防指挥员下令两名消防员携带绳索、救生圈，做好防护措施后，利用探杆探测救生路线，迂回前往。

由于天气变暖，男孩附近部分冰面开始融化，给救援工作增加了难度。20 分钟后，巡特警大队的公安干警携带木板等救援物资到达现场，经过沟通，利用绳索向前方救援人员运送一块木板，增大受力面积，加快救援速度。

晚 7 时，两名救援人员到达男孩附近，利用探杆将男孩救出水面，此时男孩已经全身湿透。

救援人员脱下救援服上衣给男孩穿上，并为其佩戴救生圈、绳索等防护装备。3 人按照原路线迅速返回，晚 7 时 20 分将男孩救到岸边送上 120 急救车。

男孩 16 岁，是附近中学的学生，冬天经常从这里抄近道回家。而今天气变暖冰面融化，走到中央位置冰面坍塌，落入泥潭。

这个案例告诉我们：有些冰面看起来很安全，但下面可能隐藏着极大的危险，因此不要在冰面上行走。

1. 地震

　　21世纪，中国人民有着一段刻骨铭心的记忆：2008年5月12日，一场突如其来的灾难降临，四川省汶川县发生了里氏8.0级的强烈地震。一时间山崩地裂，近7万人不幸丧生！地震，震在地上，痛在心里！要想从地震中争夺生命权，我们就必须充分掌握关于地震以及避震脱险的科学知识。

📖 认 识 地 震 ▶▶▶

　　地球的表面是一层岩石薄壳，叫作地壳。地壳不断受到来自地球内部的压力，当压力达到足够大时，地壳中的岩层会发生倾斜、弯曲，甚至断裂，把长期积累的能量急剧释放出来。这些能量以地震波的形式向四面八方传播，引起大地的强烈震动，就形成了地震。绝大多数地震都是由这种原因引起的。有时火山喷发、岩洞崩塌、大陨石冲击地面等特殊情况，以及工业爆破、地下核爆炸等人类活动也会引发地震。地震波发源的地方，叫作震源。一般震源离地面越近，破坏性就越大。地震是自然灾害中的首恶，大地震的破坏力相当惊人，地面产生强烈的震动，能在几分钟甚至几秒钟内使地面出现裂缝、塌陷或隆起，造成道路断裂、铁轨扭曲、桥梁折断、建筑物倒塌，甚至把城市变成废墟。

➕ 紧 急 自 救 ▶▶▶

　　地震发生时的情况十分复杂，抓住时机、冷静判断、迅速避震，是在地震中求生的关键。而不同情况下的自救方式又不相同。

在家中

● 　身处高楼：千万不要往阳台、楼梯、电梯跑，也不要盲目跳楼逃生。因为阳台、楼梯是楼房建筑中拉力最弱的部位，而电梯在地震时则会卡死、变形，跳楼就更加危险了。要远离门窗和外墙，迅速躲进管道多、支撑性好的厨房、卫生间、储存室等面积较小的空间内，这些地方不易塌落；也可以躲避到结实的桌子、床、家具旁边，或墙根、墙角等处，蹲下，抱头。

● 身处平房：能跑就跑，如果正处在门边，可立刻跑到院子外的空地上，蹲下，抱头；如果来不及跑，就赶快躲到结实的桌子下、床下或紧挨墙根、坚固的家具旁，趴在地上，尽量利用身边的物品，如棉被、枕头等，保护头部。

在学校里

● 在学校里遇到地震时，如果正在教室里上课，不要慌乱，要迅速在课桌旁蹲下，用书护住头，或者在讲台下、墙角处蹲下，抱头，闭上眼睛；千万不要推挤着往外跑或跳楼。

● 如果正走在楼梯上，要迅速靠墙角或走到两墙的三角处蹲下，抱住头部。

● 如果在操场上，要原地不动，迅速蹲下，抱住头部。

● 震后稍平稳下来时，要在老师的组织下有序地撤离教室，在远离建筑物的操场上集合。

在公共场所

在公共场所遇到地震时，最重要的是不要慌乱，要有秩序地采取避震行动，不要盲目拥向出口；若人群拥挤，应双手交叉抱在胸部，保护自己，用自己的肩、背部承受拥挤压力；被挤在人群中无法脱身时，要跟随人群向前移动，注意不要摔倒。

● 在商场里：要在结实的柜台、柱子、墙角等处就地蹲下，用身边的物品或双手护住头部；不要站在高而不稳或摆放重物及易碎品的商品陈列橱边；不要站在吊灯、广告牌等悬挂物下面；地震过后，有秩序地撤离。

● 在影剧院里：不要乱跑，要马上蹲下或趴到座椅下面；如果靠近墙，可躲避在墙根、墙角处；要尽量避开吊扇、吊灯等悬挂物品。

● 在体育场（馆）中：不要拥挤着向外跑，要有秩序地从看台向场地中央疏散；要选择安全的避震逃生路线。

● 在电梯中：地震发生时逃生不能乘电梯；万一在搭乘电梯时遇到地震，被关在电梯中，要紧靠厢壁蹲下，护住头部；震后平稳时，再通过敲击、呼喊求救。

乘车时

● 乘坐公共汽车时：应躲在座位附近，紧紧抓住座椅，降低重心，并用衣物护住头部；地震过后，有秩序地从车门下车。

● 乘坐火车时：应迅速趴到座椅旁，抓住座椅，或用双手护住头部，将身体缩在一起，降低重心。

● 乘坐地铁时：如果坐在座椅上，应注意保护自己的头部；地震造成停电时，不要慌乱，要在有关人员的指挥下有秩序地撤离，避免拥挤踩踏。

在郊外

● 在郊外遇到地震时，应尽量找空旷的地带躲避，远离山脚、陡崖等危险地带。

● 当遇到山崩、滑坡时，应沿斜坡横向水平方向撤离，躲到结实的障碍物或地沟、地坎下。

特 别 提 示

身体被埋时怎么办

当身体被埋时，要稳定情绪，坚定逃生的信心，尽量改善自己所处的环境。要设法避开身体上方不结实的倒塌物、悬挂物或其他危险物体，搬开身边可移动的碎砖瓦等杂物，扩大活动空间。注意，搬不动时千万不要勉强，以防周围杂物进一步倒塌。要设法用砖石、木棍等支撑残垣断壁，以防余震时再被埋压。闻到煤气及有毒异味或灰尘太大时，要设法用湿衣物捂住口鼻。不要大喊大叫，要保存体力，努力延长生存时间。当听到废墟外面有声音时，要呼救或不间断地敲击身边能发出声音的物品，如金属管道、砖块等，要想尽一切办法让外边的人知道你被埋的位置。

知道多一点

震前动物预兆

震前动物有先兆，发现异常要报告；

牛马骡羊不进圈，猪不吃食狗乱咬；

鸭不下水岸上闹，鸡飞上树高声叫；

冰天雪地蛇出洞，老鼠痴呆搬家逃；

兔子竖耳蹦又撞，鱼儿惊慌水面跳；

蜜蜂群迁闹哄哄，鸽子惊飞不回巢。

安全童谣

地震自救歌谣

地震来了不要急，安全地方来躲避；

身处平房往外跑，远离户外危险区；

逃跑若是来不及，躲到桌下或床底；

蹲下身来抱住头，晃动过后再逃离；

万一被埋别紧张，先防身体少受伤；

找水找食找出口，保存体力等救援。

自然灾害防护与自救

天灾

2. 海啸

大海有时候温柔平静，令人陶醉，可是海啸到来时，顷刻间便会涌出惊涛骇浪，面目狰狞。

2004年在印度洋海啸发生时，一名年仅10岁的英国小姑娘，凭借敏锐的观察力以及在学校里掌握的地理知识，预测到这不是一般的惊涛骇浪，而是海啸到来的前兆，因此立即要求父母和周围的人迅速离开沙滩，使得数百人死里逃生。

同学们一定要像这位小姑娘一样，多掌握一些海啸救生知识。尽管我们不能阻止海啸，但我们却可以凭借智慧，将海啸造成的伤害降到最小。

认识海啸 >>>

海洋中火山爆发，或海底发生强地震、塌陷、滑坡时，会引发具有强大破坏力的海浪运动，这就是海啸。海岸巨大山体滑坡、小行星溅落地球海洋、水下核爆炸也可以引起海啸。其中，海底地震是海啸发生的最主要原因，历史上特大海啸基本上都是海底地震引起的。海啸作为地震的次生灾害，其破坏力要远大于地震。

海啸具有强大的破坏力和杀伤力，它掀起的海浪高度可达十多米甚至数十米，犹如一堵"水墙"。这种"水墙"含有极大的能量，冲上陆地后可以席卷树木、摧毁房屋、吞没生命，对人类生命和财产造

成严重威胁。

　　2004年12月26日，强达里氏9.1～9.3级的大地震引发的海啸袭击了印尼苏门答腊岛海岸，持续长达10分钟，甚至危及远在索马里的海岸居民，仅印尼就有16.6万人死亡，斯里兰卡3.5万人死亡，印度、印尼、斯里兰卡、缅甸、泰国、马尔代夫和东非共有200多万人无家可归。

✚ 紧急自救 ▶▶▶

● 快速远离海岸：沿海地区一般都设有海啸预警中心，在海啸来临前给当地民众发出警报，提醒大家提前撤离。但大多数海啸是突然来临的，因此一旦发生地震或是海面出现异常情况，就要立刻撤离，远离海岸。

● 到高处去：海啸最高速度可达每小时1000千米。因此，海啸来临时要想幸免于难，就得快速往高的地方去，如海边坚固的建筑物高层，或地势较高的山坡和大树等处所。

● 抓紧漂浮物：海浪袭来时，不仅速度快，冲击力也很大，会在瞬间推倒建筑，甚至将百年老树连根拔起。不过，有一些树木、路灯、建筑会抵挡住海浪的袭击。因此，在海啸来临而没有机会逃往高地时，可紧紧抓住或抱住身边的漂浮物，如树木、床、柜子以及身边的建筑等，努力使自己漂浮在水面上，坚持到海浪退去或等待救援，不要乱挣扎，以免浪费体力。

● 向岸边移动：在海上漂浮时，要尽量使自己的鼻子露出水面或者改用嘴呼吸，然后马上向岸边移动。海洋一望无际，应注意观察漂浮物。漂浮物越密集说明离岸越近，漂浮物越稀疏说明离岸越远。

● 解除警报后再回家：许多不了解海啸的人，在第一波海浪冲击过后就以为安全了，因此离开逃生处回到家里，结果往往在接下来更强烈的海啸中丧生。不同于地震的是，海啸可能持续几分钟，也可能持续几个小时。因此，只有解除警报，危险彻底过去后才能离开藏身处。

知道多一点

海啸征兆

● 在沿海地区，地震是海啸的最明显征兆，地面强烈震动并发出隆隆声，预示着海啸可能袭来。

● 海水突然异常暴退或暴涨，海水冒泡。

● 海滩出现大量深海鱼类。因为深海鱼类绝不会自己游到海面，只可能被海啸等异常海洋活动的巨大暗流卷到浅海。

● 海面出现异常的海浪。与通常的涨潮不同，距离海岸不远的浅海区海面颜色突然变成白色，浪头很高，并在前方出现一道长长的、明亮的水墙。

● 海上发出类似于喷气式飞机或列车行驶的巨大声响。

● 动物行为反常，包括深海鱼浮到海滩，地面上的动物逃往高地等。

真实案例

日本海啸

　　2011 年 3 月 11 日，日本于当地时间 14 时 46 分发生了里氏 9.0 级地震，震中位于宫城县以东太平洋海域，震源深度 20 千米。日本气象厅随即发布了海啸警报，称地震将引发约 6 米（后修正为 10 米）高的海啸。后续研究表明，海啸最高达到了 23 米。据统计，自有记录以来，此次的 9.0 级地震是全世界第五高。2011 年 3 月 20 日，日本官方确认地震、海啸造成 8133 人死亡、12272 人失踪。此外，海啸对日本核电站也造成了巨大破坏，福岛第一核电站受影响最为严重，6 个机组中的 4 个均遭到破坏。

3. 洪水

水是生命之源，但一旦肆虐，将会成为难以阻挡的猛兽，吞噬一切。洪水被看作是自然界的头号杀手和地球上最可怕的原始力量。一旦碰到突然咆哮而来的洪水，我们必须保持冷静，采取科学的措施进行自救。

📖 认 识 洪 水 ▶▶

　　洪水通常泛指大水，广义地讲，凡超过江河、湖泊、水库、海洋等容水场所的承纳能力的水量剧增或水位急涨的水流现象，统称为洪水。洪水灾害往往是由河流湖泊和水库遭受暴雨侵袭引起洪水泛滥造成的，也可能是海底地震、飓风以及堤坝坍塌等造成的。中国幅员辽阔，形成洪水的气候和自然条件千差万别，影响洪水形成的人类活动也不一样，因而形成了多种类型的洪水：按地区可分为河流洪水、暴潮洪水和湖泊洪水等；按成因可分为暴雨洪水、风暴潮、融雪洪水、冰川洪水、冰凌洪水、溃坝洪水等；另外还有混合型洪水，如暴雨和融雪叠加形成雨雪混合型洪水。洪水灾害是世界上最严重的自然灾害之一。洪水往往分布在人口稠密、农业垦殖度高、江河湖泊集中、降雨充沛的地方。

✚ 紧 急 自 救 ▶▶

● **登高躲避再转移**：洪水到来时，如果来不及撤离，要就近迅速向山坡、高地、楼房、避洪台等地转移，或者立即爬上屋顶、楼房高层、大树、高墙等高的地方暂避，再找机会向安全地带转移。但不要爬到泥坯房的屋顶避难。

● **高压电线勿触碰**：发现高压线铁塔倾斜或者电线断头下垂时，一定要远离，以防触电；不要爬到带电的电线杆或铁塔上逃生。

● **落水抓紧救生物**：如不幸被卷入洪水中，不要惊慌，要及时脱掉鞋子，减少阻力，尽可能抓住木板、树干、家具等漂在水面上的救生物，寻找机会逃生；如果没有东西可抓，应该尽量仰着身体，让口鼻露出水面，深吸气，浅呼气，使身体漂浮在水面，等待救援。

● 山洪暴发勿渡河：山洪暴发时不要渡河，以防被洪水冲走，要往与山洪流向垂直的方向撤离；同时不要在山脚下停留，因为洪水常常携带着泥沙和树木、岩石碎块等，很容易出现山体滑坡、滚石和泥石流。

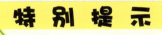

溺水者要配合他人的救助

溺水者应积极配合他人的救助。被救者与救助者互相配合才能成功。配合的方法如下：一是在水中保持镇静；二是当救助者游到自己身边时，溺水者不要乱打水、蹬水，应配合救助者，仰卧水面，由救助者将自己拖拽到安全地带；三是溺水者不要乱呼喊、招手，要保存体力，等待援救是最重要的。

4. 泥石流

  人们不会忘记，2010年8月8日，咆哮而至的山洪泥石流，使美丽的"藏乡江南"甘肃舟曲顷刻间满目疮痍，数千人遇难，数万人痛失家园。有过这样惨痛的经历，面对将来可能再度来袭的泥石流，我们应该如何避险逃生呢？

认识泥石流

泥石流是指在山区或者其他沟谷深壑、地形险峻的地区，由暴雨、暴雪或其他自然灾害引发的山体滑坡携带大量泥沙以及石块的特殊洪流。一般情况下，泥石流的发生有三个条件：一是大量降水，二是大量碎屑物质，三是山间或山前沟谷地形。泥石流发生的时间一般也有三个规律：一是季节性，泥石流发生的时间规律与集中降雨的时间规律相一致，具有明显的季节性，一般发生在多雨的夏秋季节；二是周期性，泥石流的发生受暴雨、洪水、地震的影响，当暴雨、洪水两者的活动周期相叠加时，常常形成泥石流活动的一个高潮；三是突发性，泥石流的发生一般是在一次降雨的高峰期，或是在连续降雨后。泥石流流速快，流量大，破坏力强，易成灾。泥石流常常会冲毁公路、铁路等交通设施甚至村镇等，造成巨大的财产损失和人员伤亡。

紧急自救

● 向两侧山坡上跑：当处于泥石流区时，千万不能顺沟道方向往上游或下游跑，而应向两侧山坡上跑，离开沟道、河谷地带；但注意不要在土质松软、土体不稳定的斜坡停留，以免失稳下滑，应选择基底稳固又较为平缓的地方。

● 就近躲避勿上树：当泥石流发生来不及逃离时，可就近躲在结实的障碍物下面或者后面，要特别注意保护好头部；但上树逃生不可取，因泥石流不同于一般洪水，它流动时可伤及沿途的一切障碍，所以树上并不安全。

特 别 提 示

慎入山区和沟谷

当遇到长时间降雨或暴雨时，不要进入山区沟谷游玩，应警惕泥石流的发生。

知 道 多 一 点

泥石流预兆

● 河流突然断流或水势突然加大，并夹有较多柴草、树枝。
● 深谷或沟内传来类似火车轰鸣或闷雷般的声音。
● 沟谷深处突然变得昏暗，并发生轻微震动。

5. 台风

夏日里凉风习习，我们感受到风的温顺。但风一旦变起脸来，大地生灵可就要遭殃了。风灾中最可怕的莫过于台风。台风破坏力超强，常造成人员伤亡、房屋倒塌、林木被毁和其他经济损失。一旦台风来袭，我们该如何应对呢？

📖 认 识 台 风 ▶▶▶

　　台风就是在大气中绕着一个中心急速旋转的、同时又向前移动的空气涡旋。它像个陀螺一样，一边旋转一边前进。台风的风速虽然大，但前进的速度并不快，每小时最多几十千米。成熟的台风中心，一般都有一个圆形或椭圆形的台风眼。台风眼内天气晴好，白天能看到太阳，晚上能见到星星。而在台风眼外，却是天气最恶劣、大风暴雨最强的区域。我国是世界上受台风影响最多的国家之一，每年都有台风登陆，多数在夏季。

🚫 安 全 守 则 ▶▶▶

★ 台风来临时，不要在户外玩耍，应该尽快躲进安全的室内。

★ 必须外出时，要穿好雨衣，戴好雨帽，穿上轻便防水的鞋子和颜色鲜艳、合体贴身的衣裤。

★ 行走时应该缓步慢行，不要在顺风时跑动，以免停不下来；要尽可能抓住栅栏、柱子或其他稳定的固定物行走。

★ 行走时要尽量弯腰，经过高大的建筑物时，要留意玻璃窗、霓虹灯、广告牌、花盆等高空易落物，以免被砸伤。

★ 要远离高压线、电线杆、路灯等有电的物体，以免被刮落的电线击中。

★ 不要在树下避风，否则可能会被吹倒的树或被吹断的枝丫砸伤。

★ 台风过境后不久，千万不要立刻从原来的藏身处出来活动，以免台风再次从相反方向刮来。

特别提示

如何判断台风远离

　　台风侵袭期间风狂雨骤时，突然风歇雨止，这有可能是台风眼经过的现象，并非台风已经远离，短时间后狂风暴雨将会再度来袭。此后，风雨逐渐减小，并变成间歇性降雨，慢慢地风变小，云升高，雨渐停，这才是台风离开了。

天灾

台风的命名

台风很粗暴，但每种台风却都有个文雅而特别的名字，如"达维""悟空""蝴蝶""玛莉亚""宝霞"等。

最开始，台风多以女性名字命名，然而这一做法遭到女权主义者的反对；后来台风的命名一度被当作气象员讽刺其不喜欢的政治人物的工具，直到1997年世界气象组织台风委员会第30次会议上规范了台风的命名：事先制定一个命名表，然后按照顺序年复一年地循环重复使用。

该命名表中共140个名字，由WMO所属的亚太地区的14个成员国和地区提供，每个成员国提供10个，按预先确定的次序排名，循环使用。中国大陆提供的10个名称是：海葵、悟空、玉兔、海燕、风神、海神、杜鹃、电母、海马和海棠。

委员会规定选择名称的原则是：文雅，有和平之义，不能为各国带来麻烦，不涉及商业命名。因此各国多选择以自然美景、动物植物来为台风命名，因此有了中国传说中的神奇人物"悟空"、美丽的"玉兔"，有了密克罗尼西亚传说中的风神"艾云尼"、柬埔寨的树木"科罗旺"、马来西亚的水果"浪卡"以及泰国的绿宝石"莫拉克"等。

6. 沙尘暴

沙尘暴对人类来说是天使也是恶魔，它不仅给人类带来很多益处，还同时带来巨大的伤害。沙尘暴出现时，风沙墙耸立，流沙弥漫，遮天蔽日。它能摧毁建筑物、伤害人畜、摧毁农田、掩埋水渠、阻碍交通……危害实在不小，千万不能小觑。

认识沙尘暴 ▶▶▶

沙尘暴也称沙暴或尘暴，是一种强烈的风沙天气，是指在近地面风力驱动下，裸露于地表的沙粒和尘土被刮入空中，使大气变混浊、水平能见度小于1千米的天气现象。沙尘暴的形成必须具备一定的条件：地面上的沙尘物质是沙尘暴形成的物质基础，足够强劲持久的大风是沙尘暴形成的动力条件，不稳定的空气状态是重要的局地热力条件，干旱的气候环境使沙尘暴发生的可能性增大。沙尘暴的形成也与人类活动有对应关系，人为过度放牧、滥伐森林植被、工矿交通建设，尤其是人为过度垦荒破坏地面植被，扰动地面结构，形成大面积沙漠化土地，直接加速了沙尘暴的形成和发育。

 安全守则 ▶▶▶

★ 沙尘天气应尽量减少外出，若需要外出，应戴上纱巾或口罩，以免风沙对呼吸道和眼睛造成损伤；外出回来后要及时更换衣服，清洗面部，用清水漱口，清理鼻腔。

★ 沙尘天气应及时关好门窗，以防沙尘进入室内；室内要保持空气湿度适宜，以免尘土飞扬。

★ 沙尘天气能见度低，视线不好，行走要谨慎，骑车应减速慢行，注意安全。

★ 出现沙尘暴时，要远离水渠、水沟、水库等，避免落水发生溺水事故；如果伴有大风，要远离高层建筑、工地、广告牌、老树、枯树等，以免被高空坠落物砸伤。

★ 出现沙尘暴时，要在牢固、没有下落物的背风处躲避；在途中突然遭遇强沙尘暴，应寻找安全地点就地躲避。

★ 沙尘天气空气比较干燥，要多饮水，及时补充流失的水分，加快体内各种代谢废物和毒素的排出。

 特 别 提 示

沙尘天气不宜戴隐形眼镜

沙尘天气近视人群不宜戴隐形眼镜，沙尘一旦进入眼内，容易附着在隐形眼镜上，如果不注意卫生，就会导致眼睛发炎。另外，当微粒附着在隐形眼镜上时，揉眼会造成镜片的破损，破损的镜片也会划伤角膜，造成眼睛感染发炎。

7. 雷电

　　雷电是伴有闪电和雷鸣的一种常见的自然现象。可别小看雷电，它不仅仅是虚张声势地吓唬人，每年因为雷电而失去生命的大有人在。雷击已被联合国列入十大自然灾害之一。同学们一定要未雨绸缪，掌握雷雨天气的自我防护知识。

儿童安全大百科

📖 认识雷电

　　雷电一般产生于对流发展旺盛的积雨云中，因此常伴有强烈的阵风和暴雨，有时还伴有冰雹和龙卷风。积雨云顶部一般较高，可达20千米，云的上部常有冰晶。冰晶的凇附、水滴的破碎以及空气对流等过程，使云中产生电荷。云中电荷的分布较复杂，但总体而言，云的上部以正电荷为主，下部以负电荷为主。因此，云的上、下部之间形成一个电位差。当电位差达到一定程度后，就会产生放电现象，这就是我们常见的闪电现象。闪电的平均电流强度是3万安培，最大电流强度可达30万安培。闪电的电压很高，约为1亿~10亿伏特。一个中等强度雷暴的功率可达1000万瓦，相当于一座小型核电站的输出功率。放电过程中，闪电通道中温度骤增，使空气体积急剧膨胀，从而产生冲击波，导致强烈的雷鸣。带有电荷的雷云与地面的突起物接近时，它们之间就发生激烈的放电现象。在雷电放电地点会出现强烈的闪光和爆炸的轰鸣声，这就是人们看到和听到的电闪、雷鸣。

🚫 安全守则

室内防雷电

★ 要关好门窗，防止雷电直击室内或球形雷飘进室内。

★ 要关闭电视、电脑、空调等各种家用电器，并切断电源，以防雷电沿着电源线入侵，毁坏电器，威胁人身安全。

★ 不要在电灯下站立。

自然灾害防护与自救

天灾

★ 不要触摸和靠近建筑外露的水管和煤气管等金属物体，因为金属物体容易导电。

★ 不要使用淋浴器和太阳能热水器，因水管和防雷装置都与地相连，雷电流可通过水流传导而致人伤亡。

★ 尽量不要拨打、接听电话，应拔掉电源和电话线等可能将雷电引入的金属导线。

室外防雷电

★ 雷雨天气在路上时，要找安全的地方躲避，最好躲进避雷装置良好的建筑物内或者具有完整金属车厢的车辆内。

★ 不要靠近电线杆、旗杆、铁塔、烟囱、草堆等，不要在大树下躲雨。

★ 不要在江、河、湖、海、塘、渠等水体边停留，更不要游泳。

★ 不要在高楼平台、山顶，以及车库、车棚、岗亭等处逗留。

★ 在野外无处躲避时，要双脚并拢，双手抱膝，就地蹲下，头部下俯，尽量降低身体的高度，减少人体与地面的接触面积，减少跨步电压带来的危害。

★ 在空旷的场地不要打金属柄雨伞，不要把羽毛球拍、铁锹等金属物品扛在肩上，随身携带的钥匙、手表、金属边框的眼镜等金属物品要暂时抛到远处。

★ 不要骑自行车。若是骑着自行车，要尽快离开，以免产生导电而被雷击。

★ 最好不要接听和拨打手机，因为手机的电磁波会引雷。

★ 乘车途中遭遇雷击，千万不要将头、手伸出窗外。

不要在树下避雨

　　雷雨天气不可在大树下避雨。因为强大的雷电流通过大树流入地下向四周扩散时，会在不同的地方产生不同的电压，在两脚之间产生跨步电压，导入人体，从而毙命。如万不得已，则须与树干保持 5 米以上的距离，下蹲并双腿并拢。

避雷针的故事

在18世纪以前，人类对于雷电的性质还不了解，那些信奉上帝的人，把雷电引起的火灾看作是上帝的惩罚。但一些富有科学精神的人，则已在探索雷电的秘密了。美国科学家富兰克林认为闪电是一种放电现象。为了证明这一点，他在1752年7月的一个雷雨天，冒着被雷击的危险，将一个系着长长金属导线的风筝放飞进雷雨云中，在金属线末端拴了一串银钥匙。当雷电发生时，富兰克林的手接近钥匙，钥匙上迸出一串电火花，富兰克林感到手有些麻木。幸亏这次传下来的闪电比较弱，富兰克林没有受伤。富兰克林在研究闪电与人工摩擦产生的电的一致性时，就从两者的类比中做出过这样的推测：既然人工产生的电能被尖端吸收，那么闪电也能被尖端吸收。他由此设计了风筝实验，而风筝实验的成功反过来又证实了他的推测。他由此设想，若能在位于高处的物体上安置一种尖端装置，就有可能把雷电引入地下。于是他把一根数米长的细铁棒固定在高大建筑物的顶端，在铁棒与建筑物之间用绝缘体隔开，然后用一根导线与铁棒底端连接，再将导线引入地下。富兰克林把这种避雷装置称为避雷针，经过试用，果然能起到避雷的作用。

避雷针使人类抓住了雷电并将其传入大地，这是18世纪物理学的一个极大的成功，它不知拯救了多少生命，使多少房屋和建筑免遭雷击。

8.雪灾

"北国风光，千里冰封，万里雪飘"是毛泽东《沁园春·雪》中的名句，但这种场景已不仅仅发生在"北国"，也不仅仅呈现为"风光"。

2008年1月，数十年一遇的雪灾与冰冻肆虐大半个中国，农作物受灾面积8764万亩，绝收2536万亩；房屋倒塌48.5万间，房屋损坏168.6万间，直接经济损失达1516.5亿元。这场灾难让人们看到，皑皑白雪也并不总是美丽的，有时也会成为白色恶魔。面对它，我们一定要提高警惕，注意避险自救。

认识雪灾 >>>

雪灾也称为白灾，是长时间大量降雪造成大范围积雪成灾的自然现象，主要发生在稳定积雪地区和不稳定积雪山区，偶尔出现在瞬时积雪地区。雪灾分为三种类型：雪崩、风吹雪灾害（风雪流）和牧区雪灾。其中雪崩是指大量积雪顺着沟槽或山坡下滑，有时雪里夹带土、石块和冰块，是高寒山区自然灾害之一。天降大雪，特别是在连续大雪后，雪层迅速加厚而失稳就易发生雪崩。

★ 雪天要尽量减少外出，关好门窗；外出时要戴好帽子、围巾、手套和口罩，穿好防滑鞋等，防寒防冻。

★ 雪天出行，当手和脚趾有麻木感时，可作搓手或踏步运动，以促进血液循环，防止冻伤。

★ 雪天出行要远离广告牌、临时建筑物、大树、电线杆和高压线塔架；要小心绕开桥下、屋檐等处，以防被上面掉落的冰凌砸中。

★ 大雪刚过或连续下几场雪后，切勿上山，尽量避开背风坡，以免遭遇雪崩。

知道多一点

雪崩发生时的紧急自救

● 雪崩发生时，应立即抛弃身上所有笨重物品，马上远离雪崩的路线。

● 若处于雪崩路线的边缘，则可快速跑向旁边或跑到较高的地方，不要朝山下跑，因为此时冰雪也在向山下崩落，向下跑反而危险。

● 若遭遇雪崩无法摆脱，切记闭口屏息，以免冰雪涌入咽喉和肺引发窒息。可以抓紧树木、岩石等坚固的物体，待冰雪泻完后便可脱险。

● 如果被雪崩冲下山坡，一定要设法爬到雪堆表面，平躺，用爬行姿势在雪崩面的底部活动，逆流而上，逃向雪流边缘。

● 如果被雪埋住，要奋力破雪而出，因为雪崩停止数分钟之后，碎雪就会凝成硬块，手脚活动困难，逃生难度更大。

特别提示

冻伤如何处理

若皮肤被冻伤，应慢慢地温暖患处，以防止深层组织继续遭受破坏。发生冻伤后应尽快进入温暖的房间，轻轻脱下患处的衣物，可用皮肤对皮肤的传热方式温暖患处，或将患处浸入温水中。耳鼻或脸冻伤，可用温毛巾敷盖，水温以伤者能接受为宜，再慢慢升高。注意不要摩擦或按摩患处，也不能用辐射热温暖患处，温暖后的患处不宜再暴露于寒冷中。

9. 冰雹

冰雹是一种严重的灾害性天气。它降落的范围虽然较小，时间也比较短促，但来势猛、强度大，并常常伴随有狂风、强降水、急剧降温等阵发性灾害性天气。猛烈的冰雹会砸毁庄稼、损坏房屋、破坏交通、阻碍通信，严重的还会砸伤、砸死人畜，我们一定要小心躲避。

📖 认识冰雹 ≫

　　冰雹由冰雪构成，却降落在夏天。夏天天气炎热，太阳把大地烤得滚烫，容易产生大量近地面湿热空气。湿热空气快速上升，温度急速下降，有时甚至低到－30℃。热空气中的水汽碰到冷空气凝结成水滴，并很快冻结起来形成小冰珠。小冰珠在云层中上下翻滚，不断将周围的水滴吸收凝结成冰，变得越来越重，最后就从高空掉下来，这就是冰雹。

⛔ 安 全 守 则 ≫≫

★ 冰雹天气要关好门窗，尽量减少户外活动，也不要到外面去捡冰块，以免被砸伤。

★ 冰雹天气电线有可能结冰，被压断或垂落，要远离照明线路、高压电线和变压器，绝不能触摸电线，以免发生触电事故。

★ 当冰雹在地面上积累了一定厚度，又一时融化不完时，不要赤脚去蹚水，以免被冻伤。

➕ 紧 急 自 救 ≫≫

● 遭遇冰雹时，一定不能乱跑，因为冰雹很可能迎面砸过来；最好及时转移到较安全的地方，如结实的房子、防空洞、岩洞，或者临时躲避在突出的岩石下或粗壮的大树下。

● 如果附近什么也没有，应该半蹲在地，双手抱头，全力保护头部、胸部与腹部不受到袭击。可以将背包、鞋或衣服等一切可以利用的物品放在头上，以起到缓冲的作用。但导电的物品和容易碎的物品，绝对不能用来当避险工具。

冰雹预兆

● 感冷热：湿气大，中午太阳辐射强烈，造成空气对流，易产生雷雨云而降雹。

● 看云色：雹云的颜色先是顶白底黑，而后云中出现红色，形成白、黑、红色乱绞的云丝，云边呈土黄色。

● 听雷声：雷音很长，响声不停，声音沉闷，像推磨一样，就会有冰雹。

● 观闪电：一般雨云是竖闪，而雹云的闪电大多是横闪。

自然灾害防护与自救

天灾

10. 大雾

常言道，"秋冬毒雾杀人刀"。大雾是一种气象灾害天气，它虽不如台风、暴雨、龙卷风、冰雹等灾害天气那样凶猛和惊天动地，却静悄悄给人类以危害。它不仅会威胁到城市的交通和航空安全，而且雾滴和空气中的有害气体结合，形成酸性雾，对人体十分有害。这种天气我们不能不防。

据科学家测定，雾滴中各种酸、碱、盐、胺、酚、尘埃、病原微生物等有害物质的比例，比通常的大气水滴高出几十倍。这种污染物对人体的危害以呼吸道危害最为严重。因此大雾天不要在外面行走，更不要出外健身。

认识雾

雾是由悬浮在大气中的微小液滴构成的气溶胶。当空气容纳的水汽达到最大限度时，就达到了饱和。而气温愈高，空气中所能容纳的水汽也愈多。如果地面热量散失，温度下降，空气又相当潮湿，那么当空气冷却到一定程度时，空气中的一部分水汽就会凝结，变成很多小水滴，悬浮在近地面的空气层里，形成雾。雾和云都是由于温度下降而造成的，雾实际上也可以说是靠近地面的云。凡是因大气中悬浮的水汽凝结，导致能见度低于1千米的天气现象，气象学上都称为雾。

🚫 安全守则 ▶▶▶

★ 雾天要尽量减少户外活动，必须外出时要戴上围巾、口罩，以防吸入有毒气体，并保护好皮肤、咽喉、关节等部位，外出归来后应立即清洗面部及裸露的肌肤。

★ 雾天不宜锻炼身体，要避免剧烈运动。

★ 雾天应紧闭门窗，避免室外雾气进入室内。

★ 雾天能见度大大降低，走路要看清路况，骑车要减速慢行，以免发生交通事故。

★ 雾天饮食要清淡，少吃刺激性食物。

特别提示

雾天不宜锻炼身体

雾天由于近地层空气污染较严重，雾滴在飘移的过程中，不断与污染物结合，空气质量遭到严重破坏。而且，一些有害物质与水汽结合，毒性会变得更大。另外，组成雾核的颗粒很容易被人吸入，并滞留在体内；而锻炼身体时吸入空气的量比不锻炼时多很多，这更加剧了有害物质对人体的损害，极易诱发或加重各种疾病。总之，雾天锻炼身体，对身体造成的损伤远比锻炼的好处大，雾天锻炼得不偿失。

知道多一点

雾霾

雾霾是雾和霾的混合物，是特定气候条件与人类活动相互作用的结果。人口密度高的地区，经济及社会活动必然会产生大量细颗粒物（PM2.5），一旦排放量超过大气循环能力和承载度，细颗粒物持续积聚，就极易出现大范围的雾霾。雾霾常见于城市。

雾霾中含有大量的颗粒物，这些包括重金属等有害物质的颗粒物一旦进入呼吸道并黏着在肺泡上，轻则会引发鼻炎等鼻腔疾病，重则会导致肺纤维化，甚至还有可能导致肺癌。除此之外，若人们大量吸入雾霾，还会患上心血管系统、血液系统、生殖系统的疾病。所以，我们要采取有效的预防措施。

● 戴口罩。阻隔雾霾接触到口鼻，是直接且有效的预防方式。最好购买专业防霾口罩。

● 戴帽子。头发吸附污染物的能力很强，出门前戴帽子，能够有效减小危害。

● 穿长衣。不要为了潇洒而短打扮，短打扮会增大和有害空气接触的面积。穿长衣可减小危害。

● 减少出门。这样便直接隔断了与雾霾的接触。尤其是老人与儿童，应尽量减少室外活动。

● 户外"短平快"。雾霾天气减少户外活动是非常必要的。出外也要短暂停留，平和呼吸，小步快走。

● 搞好个人卫生。雾霾天气去上班或做其他的事情，回家后要及时搞好个人卫生。

● 进屋就洗脸、洗手。"全副武装"在室外逗留后，皮肤接触有害颗粒物最多的地方就是脸和手，所以，进屋就要洗脸、洗手。

● 注意饮食、调节情绪。多吃含氨基酸的食物，以维持抗体正常的生理、生化、免疫机能，以及生长发育、新陈代谢等生命活动。此外，要多补硒，比如食物补硒和吃一些补硒剂如麦芽硒、蛋白硒等。由于雾天日照少、光线弱、气压低，有些人会精神懒散、情绪低落，要注意调节。

野外遇险求救方法

危难时刻，如果你不能自救，需要向别人求助，发出需要别人帮助的求救信号。掌握求救知识，会在关键时候给你巨大的帮助，甚至拯救你的生命。

声响求救

遇到危难时，除了喊叫求救外，还可以吹响哨子、击打脸盆、用木棍敲打物品、用斧头击打门窗或敲打其他能发声的金属器皿，甚至打碎玻璃等物品，向周围发出求救信号。

光线求救

遇到危难时，利用回光反射信号，是最有效的办法。常见工具有手电筒，以及可利用的能反光的物品（如镜子、罐头皮、玻璃片、眼镜等），每分钟闪照6次，停顿1分钟后，再重复进行。

抛物求救

在高楼遇到危难时，可抛掷较软的物品，如枕头、书本、空塑料瓶等，以引起下面人的注意并指示方位。

烟火求救

在野外遇到危难时，白天可燃烧新鲜树枝、青草等植物发出烟雾，晚上可点燃干柴，发出明亮、耀眼的火力向周围求救，但要避免引起火灾。

地面标志求救

在比较开阔的地面，如草地、海滩、雪地上，可以制作地面标志，利用树枝、石块、帐篷、衣服等一切可利用的材料，在空地上堆摆出"SOS"或其他求救字样。

留下信息

当离开危险地时，要留下一些信号物，以便让营救人员发现，及时了解你的位置或者去过的地方。一路上留下方向指示，有助于营救人员找寻到你，也能在自己迷路时作为向导。